Adrian Rohnfelder
Dennis Oswald

HIMMEL UND HÖLLE

DIE FASZINATION EXTREMER NATUREREIGNISSE

KNESEBECK

Als ich drei Jahre jung war, soll mich – so zeigen es Aufzeichnungen meiner Eltern – mein Vater gefragt haben, was ich später einmal beruflich machen möchte. Eine zweifellos sinnvolle Frage an Menschen dieser Altersgruppe! Sie mündete in einer Antwort, die mich noch heute amüsiert: Ich soll gesagt haben, dass ich Vogel werden will! Die Luft und alles, was es da zu sehen und zu erleben gab, hatten es mir schon früh angetan, ich war angefixt, würde man heute sagen. Das Ergebnis: Ich kann mich zwar nicht selbst in die Lüfte aufschwingen, aber ich darf seit Jahren als Diplom-Meteorologe im Fernsehen »wettern« – und die Luft und ihre Bewegung studieren.

Warum faszinieren uns Himmel und Wetter so? Klar, es ist aus naturwissenschaftlicher Sicht unheimlich interessant, was da passiert. Aber vor allem machen die Emotionen, die durch die Wetterphänomene hervorgerufen werden, das Ganze so spannend! Was fühlt man, wenn man die sich ständig wandelnde Wolken- und Farbwelt auf sich wirken lässt? Begeisterung, Respekt, Angst, Ehrfurcht? Womöglich von allem etwas!

Schaut man sich die Fotos von Adrian und Dennis an, so hat man sofort das Gefühl, mittendrin im Geschehen zu sein. Gleichzeitig ist es den beiden gelungen, die Schönheit von Gewittern, die »Ästhetik der Unwetter«, wie ich immer zu sagen pflege, in Bildern einzufangen. Als ich gefragt wurde, ob ich dieses Vorwort schreiben würde, brauchte ich deshalb nur einen Bruchteil einer Sekunde, um »ja, natürlich« zu sagen!

Was mir die beiden Fotografen außerdem sympathisch macht, ist, dass sie allen Naturphänomenen, denen sie sich widmen – in diesem Buch finden Sie auch fantastische Bilder und Lehrreiches über Vulkane und Wüsten –, mit dem nötigen Respekt begegnen. Denn viele Phänomene lassen sich zwar gut verstehen, aber die Natur lässt sich nie vollständig in die Karten schauen. Unwetter etwa können überraschend schnell entstehen und treten oftmals sehr lokal auf. Eine Region mit Unwetterpotenzial einzugrenzen ist gut möglich, aber – dieser Hinweis muss einem Meteorologen gestattet sein – ein Unwetter stets punktgenau und auf die Minute vorhersagen zu können bleibt eine Illusion. Ein Vergleich, der das sehr schön veranschaulicht: Nehmen wir einen Topf mit kochendem Wasser. Wäre jedes Blubbern ein Gewitter, so könnte man mühelos sagen, dass es in der »Region Topf« zu Gewittern kommt. Vorherzusagen, in welcher Sekunde an welcher Stelle im Topf die nächste Blase entsteht, ist aber unmöglich.

Wir werden der Natur immer unterlegen sein. Anzuerkennen, dass wir sie für uns nutzen können, sie aber nie werden kontrollieren oder gar über sie bestimmen können, hat etwas mit Einsicht und Respekt zugleich zu tun. Möglicherweise müssen wir aber genau den erst wieder lernen, denn schließlich entfernt sich unsere komfortable, hochtechnisierte Welt mehr und mehr von der Natur. Und das ist tragisch, denn Respekt verschafft uns auch Sicherheit.

Damit sind wir bei der größten Krise unserer Zeit angelangt, dem Klimawandel. Wir dürfen den dringendst benötigten viel umfangreicheren Klimaschutz nicht weiter auf die lange Bank schieben. Immer extremer werdendes Wetter, zunehmendes menschliches Leid und drastisch steigende Kosten durch Unwetterschäden zeigen uns deutlich, dass es einfach nicht sinnvoll ist, einen vermeintlichen Wohlstand auf dem Raubbau an unseren Lebensgrundlagen fußen zu lassen. Uns eine solche Welt schönzureden ist ein Irrweg.

Dieses bildgewaltige Buch fasziniert beim Blättern und Lesen gleichermaßen und führt uns die Schönheit unseres Planeten vor Augen. Es weckt Begeisterung, Ehrfurcht und damit Respekt. Sie bilden den Gegenpol zum Schneller-weiter-höher-Mehr unserer Welt und könnten den Zündfunken hervorbringen, der dazu führt, dass wir mit unserer Erde sorgsamer umgehen.

DENNIS

Es ist der perfekte Frühlingstag im Mittleren Westen der USA: Wie ein wabernder Ozean erstrecken sich die riesigen, leise raschelnden Getreidefelder bis zum Horizont, und die strahlende Nachmittagssonne treibt die Temperaturen auf hochsommerliche Werte. Ein böiger Südwind lindert die drückende Schwüle zumindest etwas. Doch der friedliche Schein trügt, es herrscht im wahrsten Sinne des Wortes »die Ruhe vor dem Sturm«.

Genau dieser bricht dann auch nur wenige Minuten später los. Von jetzt auf gleich und ohne Vorwarnung legt der Wind deutlich zu und wirbelt uns eine Wolke aus feinstem Staub ins Gesicht. In der Ferne schießen mächtige Gewitterwolken kilometerweit in die Höhe, es liegt eine unglaubliche Spannung in der Luft. Sogar die Stromleitungen beginnen zu sirren, während wir hektisch unsere Kameras in Position bringen. Nur wenige Augenblicke später zucken bereits die ersten gleißend grellen Blitze zu Boden, begleitet von Donnerschlägen, die uns durchrütteln und sogar die Scheiben unseres Mietwagens zum Vibrieren bringen. Die immer bedrohlicher wirkenden dunkelgrauen Wolken nähern sich unaufhaltsam und verschlucken gnadenlos das letzte Sonnenlicht. Der mittlerweile eisige Wind fegt uns in ohrenbetäubender Lautstärke um die Ohren. Und dann liegt es direkt vor uns: das deutlich rotierende Sturmzentrum. Es erinnert an ein gewaltiges Raumschiff, ein sicheres Zeichen für ein wirklich heftiges Unwetter.

Unsere Kameras laufen heiß, wir können unser fotografisches Glück kaum fassen. Denn ganz plötzlich senkt sich aus der Unterseite des Gewitters ein sich schnell drehender Wolkenschlauch herab. Doch das Glück währt nur kurz, einige Sekunden später verschwindet er leider wieder im Bauch des tobenden Unwetters. »Schade, das war knapp«, rufen wir uns zu, als plötzlich nur wenige hundert Meter vor uns eine Unmenge an Staub in die Höhe gewirbelt und wie auf Bestellung ein bis zum Boden reichender, tief dunkler Rüssel sichtbar wird.

»Doch, da ist er!«, brüllen wir aus voller Kehle gegen den tosenden Wind an. Tatsächlich, ein starker Tornado treibt sein Unwesen direkt vor unseren Augen. Gewaltig fräst sich der Wirbelsturm durch die Felder und steuert direkt auf eine Baumreihe zu. Unaufhaltsam pflügt er durch die Bäume. Große Äste und ganze Stämme werden in die Luft geschleudert, nur um kurz darauf wie flatternde Blätter im Herbst wieder zu Boden zu segeln. Ein unvergessliches und naturgewaltiges Schauspiel, und doch ein ganz gewöhnlicher Frühlingstag. Hier, in der endlosen Prärie der Great Plains in der sogenannten Tornado Alley.

ADRIAN

Meine Augen leuchten: Vor mir blubbert, brodelt und zündelt es in sieben gewaltigen Kesseln. Immer wieder kochen diese mehr als tausend Grad heißen Töpfe zischend über, und eine tiefrot glühende Steinsuppe, die Lava, ergießt sich in eine moosige Ebene und verwandelt diese in ein riesiges Feuermeer. Begleitet wird das höllische Spektakel von einem beißenden Geruch nach Schmiedeofen sowie einem surrealen Geräusch, als würden Tausende Gläser gleichzeitig zerspringen.

All das ist jedoch ein Kinderspiel verglichen mit dem explodierenden Knall, der sich ohne Vorwarnung entlädt. Es fühlt und hört sich an, als würde jemand in einer Wohnung unter mir mit einem gigantischen Hammer und aller Gewalt gegen die Zimmerdecke schlagen. Der komplette Boden bebt für mehrere Sekunden. Ich stehe am Ende des Lavaflusses mit Blick auf den feuernden Krater und staune demütig ob der gewaltigen Kraft dieses Schauspiels.

Eines der Lieblingsbücher meiner Kindheit war Jules Vernes *Reise zum Mittelpunkt der Erde*. Hier auf Island, am

Vulkan Fagradalsfjall, befinde ich mich natürlich nicht im Zentrum unseres Planeten, aber ich bekomme einen guten Eindruck von dessen Inneren. Auch wenn es sich nicht so anfühlt, so leben wir doch auf einer gigantischen Feuerkugel. Die feste Erdkruste ist hier keine zwanzig Kilometer dick – bei einem Durchmesser unseres Globus von mehr als 12 700 Kilometern –, darunter liegt die flüssige Erdschicht, aus der sich der Fagradalsfjall speist. Ich sage daher immer, Vulkane böten einen »Blick in das Herz unseres Planeten«. Ein Anblick, von dem ich 2008 auf einer Reise nach Indonesien infiziert wurde und welcher mich seitdem an die unterschiedlichsten Orte mit natürlichem Feuerwerk, von Hawaii über Äthiopien bis nach Sibirien – denn auch dort brodelt es –, geführt hat.

Den Blick in einen Vulkankrater muss man sich meist erst verdienen. Häufig geht ihm ein tagelanges Trekking durch unwegsames Gelände voraus, weit weg von jeglichem Handyempfang und gefolgt von mühsamen, rutschigen Anstiegen auf steile Aschekegel. Doch meine Faszination für die gigantischen Sinnesspektakel mit Lightshow, ohrenbetäubenden Explosionen, im wahrsten Sinne des Wortes umwerfenden Druckwellen und unglaublich hohen Temperaturen treibt mich immer wieder an und lässt mich all diese Anstrengungen, wenn auch gerne schimpfend, ertragen. Eine Faszination gepaart mit einer großen Prise Abenteuerlust und Neugier auf der Suche nach dem Ursprung unserer Erde.

WIR

Obwohl unsere Hände schon völlig verkrampft sind, umklammern wir weiter mit aller Kraft unsere Stative und stemmen uns gegen den Wind, der uns mit einer Geschwindigkeit von mehr als hundert Kilometern pro Stunde heftig durchschüttelt und beinahe jedes gerufene Wort verschluckt. Feinster Sand peitscht uns ins Gesicht, und unsere Objektive knirschen mittlerweile bei jeder Drehung. Trotzdem betätigen wir weiter fast wie im Rausch im Sekundentakt unsere Auslöser. Denn genau in diesem Augenblick taucht die hinter dem sandigen Schleier der Mesquite Dunes im Death Valley untergehende Sonne die Szenerie in ein fast außerirdisch wirkendes Licht.

Aber was haben wir eigentlich an einem solch unwirtlichen Ort und überhaupt in der Wüste zu suchen? Die Antwort darauf ist ganz einfach, das Death Valley in Kalifornien vereint in Perfektion die Naturereignisse, für die unser Herz schlägt. Vulkanische und tektonische Aktivitäten haben eine entscheidende Rolle bei der Entstehung dieser Region im Südwesten der USA gespielt. Genauso wie die ganz besonderen meteorologischen Bedingungen mit extremer Hitze und Trockenheit.

Aber es sind nicht nur die Extreme, die uns hier im Death Valley faszinieren. Es sind auch die fast ohrenbetäubende Stille, wenn gerade kein Sandsturm wütet, und das Gefühl von unendlicher Freiheit jenseits jeder Zivilisation. Es sind die abgelegenen Campingplätze unter einem funkelnden Sternenhimmel und die gemütlichen Abende am knisternden Lagerfeuer.

Vor allem ist es aber die einzigartige Schönheit von Landschaften wie dieser mit ihrer ästhetischen Schlichtheit, welche uns immer wieder an solche Orte führt.

Egal ob feurige Vulkane, gewaltige Gewitter, eisige oder vor Hitze flimmernde Wüsten: Es sind diese Orte quer über den Erdball verteilt, für die wir leidenschaftlich brennen. Die Naturereignisse und -gegebenheiten dort empfinden viele wahrscheinlich als gefährlich oder unbequem – gar als höllisch. Für uns offenbart sich dort jedoch die Kraft der Natur in ihrer ganzen – himmlischen – Pracht.

HIMMLISCHE SPANNUNG

Sonne, Luft und Wasser sind die wesentlichen Zutaten der Wetterküche. Die Sonne sendet Energie zur Erde und lässt Wasser aus Ozeanen, Flüssen und Seen verdunsten. Wasserdampf, der Treibstoff des Wetters, gelangt in die dünne Lufthülle, die unseren Planeten umgibt. Mit Hilfe einer Prise tiefen Luftdrucks sowie kälterer Luft in höheren Luftschichten entstehen daraus Wolken, die je nach Größe für Regen oder sogar ausgewachsene Unwetter sorgen.

Werden diese Zutaten in einem ganz speziellen Verhältnis zusammengemixt, ergibt sich eine extrem explosive Mischung, die sich besonders häufig in der sogenannten Tornado Alley in den Vereinigten Staaten zusammenbraut. Diese ist in jedem Frühjahr Schauplatz schwerer Unwetter bis hin zu heftigen Tornados. Mehr als 1200 dieser Wirbelstürme ziehen pro Jahr über die endlose Prärie des Mittleren Westens, die Great Plains. Ein Gebiet, das sich grob von Texas bis nach Nebraska und von Colorado bis an die Grenze von Oklahoma und Missouri über rund zwei Millionen Quadratkilometer auf zahlreiche Bundesstaaten verteilt. Die Geografie dieser Region bietet aus meteorologischer Sicht den nahezu perfekten Kochtopf für stürmische Bedingungen.

Wasserdampf, der in Form von Feuchtigkeit Gewittern als Kraftstoff dient, gibt es im Überfluss im Golf von Mexiko. Besonders in der Zeit von April bis Juni gelangt feucht-warme Luft in den unteren Luftschichten bis weit in den Mittleren Westen. Vom Golf von Mexiko bis hoch in die Polarregionen Kanadas gibt es in den USA keine Gebirge, die den Weg nach Norden blockieren. Die feucht-warme Golfluft kann also ohne Umwege weit in die Great Plains vordringen und trifft dort auf die aus Norden in höheren Luftschichten einfließende polare Kaltluft. Das Aufeinandertreffen dieser beiden Luftmassen bildet bereits den Nährboden für eine im wahrsten Sinne des Wortes spannende Mischung. Die entscheidende Brise steuern jedoch die auf über 4000 Meter in die Höhe ragenden Rocky Mountains bei. Sie liegen im Westen der Great Plains und sorgen für eine warme und trockene Luftschicht. Vor allem im Frühjahr kämpfen all diese Luftmassen um die Vorherrschaft auf dem nordamerikanischen Kontinent. Tiefs bringen sie zusammen und lassen überhaupt erst große Gewitterwolken entstehen. Außerdem bewirken sie die Bildung der Königin aller Gewitter, der sogenannten Superzelle.

So gefährlich das alles auch klingen mag, Wetter ist ein essenzieller Bestandteil des Lebens und der Natur. Es formt Landschaften und trägt damit zum Erscheinungsbild der Erde bei. Vom Wetter hängt ab, was und wie viel auf unseren Feldern wächst. Schnee nährt Gletscher, deren Eis hobelt Gebirge ab. Wind weht Sand zu hohen Dünen auf und verteilt Nährstoffe quer über den Erdball. Sonnenschein bringt gute Laune, Regen hingegen schlägt vielen aufs Gemüt. Das Wetter begleitet alles und jeden überall, und das ist auch gut so.

ARTESIA, NEW MEXICO, USA

Bedrohlich dunkle Wolken, helle Blitze: Gewitter sind faszinierend und zugleich eine extrem gefährliche Naturgewalt. Die Unwetter können eine Ausdehnung von nur wenigen bis hin zu Hunderten Kilometern erreichen. In einigen Regionen der Erde bringen sie die lebensnotwendigen saisonalen Regenfälle. Nicht selten hinterlassen Gewitter aber auch eine Spur der Verwüstung.

HENRIETTA, TEXAS, USA

Besonders in der Zeit von April bis Juni gelangt vom Golf von Mexiko feuchtwarme Luft bis weit in den Mittleren Westen der USA. Ohne diese Feuchtigkeit könnten in Texas, Oklahoma und Co. keine Unwetter entstehen. Wenn Tiefdruckgebiete zudem eine Windscherung bewirken, also der Wind mit der Höhe an Geschwindigkeit zunimmt und seine Richtung ändert, werden die hochreichenden Gewitterwolken in Rotation versetzt. Es kommt zu einer sogenannten Superzelle, einem bestimmten Gewittertyp.

VEGA, TEXAS, USA

Manche Superzellen entwickeln Wolkenformen wie von einem anderen Stern. Wie gigantische Raumschiffe schweben solche Gewitter über der Landschaft und verdunkeln den Himmel. Begleitet werden sie von unzähligen Blitzen und tosendem Donnergrollen.

ALZADA, MONTANA, USA

Ein Blitz kann eine Temperatur von bis zu 30 000 Grad Celsius erreichen. Damit ist er für einen Bruchteil einer Sekunde circa fünfmal so heiß wie die Oberfläche der Sonne. Er erhitzt die Luft urplötzlich, sie breitet sich explosionsartig aus. Es donnert. Mehr als zehn Millionen Blitze zucken Tag für Tag weltweit am Himmel. Jederzeit sind global etwa 2000 Gewitter aktiv. Die meisten Blitze pro Fläche entstehen im Kongo, in Deutschland entladen sich jährlich vier Millionen.

PRATT, KANSAS, USA

Das Licht der untergehenden Sonne kann auch einem schwachen Gewitter besonderen Glanz verleihen. Dieser nach Osten abziehende Schauer bot die perfekte Bühne für ein wahres Farbspektakel. Zwischen einem trüben und grauen Himmel und diesen intensiven Dämmerungsfarben lagen nur wenige Minuten. Nicht nur starke Unwetter haben also beeindruckende Facetten.

HEINSBERG, NORDRHEIN-WESTFALEN, DEUTSCHLAND

Hat ein Gewitter seinen Höhepunkt überschritten, gewinnen in seinem Umfeld die durch Regen gekühlten Winde die Oberhand. Sie strömen aus dem Gewittersystem hinaus in die wärmere Umgebungsluft. An der Grenze dieser beiden Luftmassen formen sich wie hier in Heinsberg sogenannte Shelf Clouds (auch Böenwalzen genannt). Manchmal erscheinen sie in mehreren »Platten« übereinander, die wie längliche Regalbretter aussehen. Ihr Name findet hier seinen Ursprung (englisch shelf = Regal).

»EIN TORNADO IST EINE DER BEEINDRUCKENDSTEN NATURGEWALTEN. EINEN SOLCHEN WIRBELSTURM AUS DER NÄHE ZU BEOBACHTEN LÖST EIN UNBESCHREIBLICHES GEFÜHL AUS.«

RAGO, KANSAS, USA

COLDWATER, KANSAS, USA

Eine Superzelle zeichnet sich durch ihre Langlebigkeit aus und ist häufig für sehr großen Hagel, starken Regen mit Überflutungen und Winde in Orkanstärke verantwortlich. Außerdem entstehen bei zehn bis zwanzig Prozent aller Superzellen gefährliche Tornados.

NEUSS, NORDRHEIN-WESTFALEN, DEUTSCHLAND

Am 9. Juni 2014, Pfingstmontag, zog über Teile Nordrhein-Westfalens das hier zu sehende Unwetter hinweg, eines der schwersten der vergangenen Jahrzehnte. Orkane mit einer Geschwindigkeit von mehr als 140 Kilometern pro Stunde entwurzelten Tausende Bäume, der Bahnverkehr im Rheinland und im Ruhrgebiet brach zusammen. Schulen in den betroffenen Regionen blieben mehrere Tage geschlossen. Sechs Menschen verloren in dem Unwetter ihr Leben, die Sachschäden beliefen sich auf eine Höhe von mindestens hundert Millionen Euro.

MILLSAP, TEXAS, USA

Tornados sind kleinräumige Luftwirbel. Allein in den USA gibt es jedes Jahr durchschnittlich 1200 Tornados. In Deutschland werden jährlich vierzig bis sechzig gezählt. Die rotierenden Stürme können dünn wie ein Seil sein oder sich sogar Hunderte Meter ausdehnen. Ihr Erscheinungsbild verrät allerdings nichts über ihre Stärke. Nur ein Prozent aller Tornados erreichen Geschwindigkeiten jenseits von 320 Kilometern pro Stunde. Die meisten Tornados sind schwach, so wie dieses Exemplar, das nur mäßig hoch und wenige Dutzende Meter breit ist. »Schwach« bedeutet aber immer noch Rotationsgeschwindigkeiten zwischen 100 und 180 Kilometern pro Stunde.

SPEARMAN, TEXAS, USA

Gewitter sind hochdynamisch und wechseln ständig ihr Erscheinungsbild. Unterschiedlich wehende Winde verändern die Wolkenstruktur, neue Wolken entstehen, alte lösen sich auf. Senkt sich mit der Zeit zudem die Sonne Richtung Horizont, dreht sie an einer weiteren visuellen Stellschraube, wie in den hier zu sehenden Bildern. Sie zeigen dasselbe Gewitter mit einem Zeitabstand von weniger als einer Viertelstunde.

HARDESTY 17

GLAZIER, TEXAS, USA

Die Entstehung der hier zu sehenden sogenannten Mammatus-Wolken ist noch nicht vollständig geklärt. Man geht davon aus, dass starke Turbulenzen innerhalb eines Gewitters für ihre beutelartige Form verantwortlich sind. Mammaten wirken zwar bedrohlich, sind aber absolut harmlos. Ihr Auftreten lässt jedoch darauf schließen, dass in der Nähe ein heftiges Gewitter oder ein starker Schauer sein Unwesen treibt.

HOWARD, KANSAS, USA

Jedes Detail dieses Gewitters ist sichtbar. Auch bei anderen Superzellen stört oft keine andere Wolke den Blick in das Herz des Unwetters. Genau dort bildet sich unter Umständen ein Tornado.

DENNIS OSWALD

»ES GIBT KAUM ETWAS BERUHIGENDERES, ALS AN EINEM WARMEN FRÜHLINGSABEND IN DER MENSCHENLEEREN PRÄRIE DER GREAT PLAINS BLITZE ZU FOTOGRAFIEREN.«

HUGOTON, KANSAS, USA

SEVERY, KANSAS, USA

Ein Blitz ist eine Funkenentladung oder ein kurzzeitiger Lichtbogen innerhalb von Wolken oder zwischen Wolken und Erde (»Erdblitze«). Ursache ist die Trennung positiver und negativer Ladungen in Gewitterwolken. Diese Ladungen entstehen, wenn wolkenbildende Wassertröpfchen, Hagel- oder Graupelkörner aneinanderstoßen.

ERICK, OKLAHOMA, USA

Erdblitze erreichen in mittleren Breiten im Durchschnitt eine Länge von ein bis zwei Kilometern, in den Tropen sind es zwei bis drei. Blitze, die aus dem oberen Bereich der Gewitterwolke auf den Erdboden treffen, sind nicht selten mehr als zehn Kilometer lang. Bei Wolkenblitzen wird in der Regel eine Länge von fünf bis sieben Kilometern aufgezeichnet. Der Weltrekord übertrifft diese Zahlen allerdings um ein Vielfaches: Im Oktober 2018 registrierten Meteorologen einen 700 Kilometer langen Blitz in Brasilien.

HIGGINS, TEXAS, USA

Das Abendlicht, das auf diese Wolkenwand eines kräftigen Gewitters scheint, erzeugt eine beinahe friedliche Stimmung. Am Beobachtungspunkt ist der Spuk bereits vorüber, das Unwetter ist hier schon weitergezogen. Es hat auf seinem weiteren Weg in die Nacht neben Blitzen auch großen Hagel und sintflutartigen Regen im Gepäck.

HOLDREGE, NEBRASKA, USA

Die Great Plains sind nicht nur für ihre Gewitter, sondern auch für ihre spektakulären Sonnenuntergänge bekannt. Besonders in der Sturmsaison im Frühling, wenn sich mächtige Wolken am Himmel zeigen, taucht warmes Abendlicht die endlosen Getreidefelder in kräftige Dämmerungsfarben.

CLAY CENTER, KANSAS, USA

Böenwalzen, in der Meteorologie auch Shelf Clouds genannte Wolkenformationen (siehe S. 23), treten am Vorderrand einer Gewitterwolke auf. Der Beobachter sieht sie, bevor ihn das Unwetter mit Regen, Sturm und Blitzen erreicht. Die Böenwalzen bilden sich durch komplexe Luftströmungen, die in unmittelbarer Nähe zum Gewitter entstehen. Häufig treten in ihrem Umfeld heftige Sturmböen und Turbulenzen auf, die sogar für Flugzeuge gefährlich werden können.

LEOTI, KANSAS, USA

Wünsche eines Gewitterfotografen werden leider nur selten erfüllt. Häufig liegen Träume und Realität weit auseinander. Doch manchmal ist das Glück einem hold, und es taucht in der Abenddämmerung ein Unwetter mit spektakulären Wolkenstrukturen und unzähligen Blitzen auf. Bewegt sich das Gewitter noch dazu in Schrittgeschwindigkeit vorwärts, bietet sich ein einmaliger Moment für das perfekte Foto: eine Superzelle in ihrer ganzen Schönheit.

MCCOOK, NEBRASKA, USA

Besonders im Westen der Great Plains in den USA bilden sich hin und wieder sogenannte LP-Superzellen. »LP« steht für low precipitation (»wenig Niederschlag«). Der wesentliche Unterschied zu einer klassischen Superzelle besteht in dem sehr viel kleineren Niederschlagsfeld. Der wenige Regen ist vor allem in der rechten Bildhälfte deutlich zu erkennen.

MCCOOK, NEBRASKA, USA

Diese zwei Bilder zeigen in chronologischer Reihenfolge die weitere Entwicklung des auf den Seiten 54 und 55 abgebildeten Gewitters. LP-Superzellen bleiben häufig deutlich länger aktiv als andere Gewitterstrukturen. Sie entstehen meist am späten Nachmittag und bleiben bis in die Nacht hinein lebendig.

DECATUR, TEXAS, USA

Steht die Sonne knapp unter dem Horizont, nimmt ihr Licht einen viel längeren Weg durch die Luft als zur Mittagszeit. Kürzere Wellenlängen (Blautöne) werden stärker gestreut und färben den Himmel rötlich, wenn sie auf winzige Partikel in der Luft treffen. Weit in die Höhe reichende Gewitterwolken wie diese bieten nach Sonnenuntergang die perfekte Leinwand.

BEER
&
WINE
DIESEL
219
9
COMDATA ★ EFS ★ T-CK ★ TCH

BURLINGTON, COLORADO, USA

Jedes Unwetter fängt einmal mit einer kleinen Wolke an. Diese Cumulus-congestus-Wolke ist erst vor kurzem geboren und wächst rasant in die Höhe. Fallstreifen, Niederschlag in Form von Regen und kleinem Hagel, sind unter der Wolkenbasis deutlich zu erkennen. Im weiteren Verlauf wird sich aus dieser Wolke ein sogenannter Cumulonimbus, eine Gewitterwolke, entwickeln.

HUGOTON, KANSAS, USA

Ein wahres Himmelsfeuerwerk lässt sich am besten bei Nacht beobachten. Selbst weit entfernte Blitze sind dann sichtbar. Bei besonders blitzintensiven Gewittern erscheint die gesamte Wolke wie ein Lampenschirm. Der helle Schimmer am oberen Rand der hier gezeigten Gewitterwolke ist allerdings auf den Vollmond zurückzuführen, der sich außerhalb des Bildes versteckt.

Wo bin ich? In Kansas, Colorado, Oklahoma? Nach drei Wochen und 12 000 gefahrenen Kilometern kann es schon mal passieren, dass ich morgens nicht sofort weiß, wo ich eigentlich gerade aufwache. Dann fällt es mir wieder ein: Kansas.

Bei einem Kaffee nehme ich die neuesten Wettermodelle unter die Lupe. Die Vorhersage verspricht eine isolierte Superzelle mit allem, was dazugehört. Ich verschaffe mir mit Google Maps einen Überblick über das Straßennetz im heutigen Zielgebiet. Dank Smartphones und mobilem Internet fällt die Routenplanung leicht und kann kurzfristig an neue Situationen angepasst werden. Außerdem bin ich jederzeit mit aktuellen Satellitenbildern, Wetterdaten sowie Live-Standorten weiterer Sturmjäger versorgt. Doch eine besondere Herausforderung gibt es: Straßen, die genau in Zugrichtung der Gewitter liegen, um vorneweg zu fahren, und Abzweige quer zum Gewitter, um im Notfall schnell die Flucht ergreifen zu können, gibt es in dieser Gegend nur wenige.

Das Gewitter zündet voraussichtlich am frühen Nachmittag. Also ab auf den Highway und 300 Kilometer nach Westen, eine vergleichsweise kurze Strecke, durch eine fast menschenleere Region. Links und rechts der Straße Getreidefelder, soweit das Auge reicht. Hier schlägt das Herz der Tornado Alley, dem Ort, an dem die wahrscheinlich schönsten und größten Gewitter der Erde entstehen. In der Ferne erkenne ich wenig später die ersten Wolkentürme.

Und dann geht es ganz schnell. Ich blicke direkt auf eine riesige, an ein Raumschiff aus dem Film *Independance Day* erinnernde dunkle, kreisrunde Wolkenformation: eine majestätische Superzelle, aus der nur wenige hundert Meter vor mir im Sekundentakt grelle Blitze in die Erde schlagen. Nur allzu gerne würde ich mich für einen besseren Blickwinkel direkt vor sie stellen. Allerdings wäre das keine gute Idee. Nur eine einzige Straße, die mehr ein schlammiger Feldweg ist, würde mich in eine aussichtsreichere Position bringen. Das Risiko, stecken zu bleiben, ist viel zu groß. Eine Flucht vor dem Unwetter, das riesige Hagelkörner über den Feldern abwirft und noch dazu einen Tornado produzieren könnte, wäre dann ausgeschlossen. Wenig später kommen mir genau aus dieser Straße Autos mit vom Hagel zerschlagenen Windschutzscheiben entgegen. Glücklicherweise haben es alle aus dem Matsch geschafft.

Bei der fotografischen Sturmjagd heißt es: »safety first« – doch absolute Sicherheit ist reines Wunschdenken, trotz aller Technik. Neben den genannten Vorbereitungen und Helferlein bleiben die wichtigsten Faktoren, das Risiko zu verringern, der Respekt und die Demut vor der Natur. Die Natur, und das gilt besonders für das Wetter, ist bis heute nicht vollständig verstanden. Mit einer Portion Wissen und gesundem Menschenverstand lassen sich jedoch die tobenden Unwetter der Tornado Alley relativ sicher fotografieren, auch wenn die dabei entstandenen Bilder hier und da etwas anderes vermuten lassen.

HÖLLISCHE UNTERWELT

Fangen wir von vorn an, um genau zu sein, vor 4,5 Milliarden Jahren. Damals kollidierten Gas, Staub, Kometen und Asteroiden und bildeten einen sogenannten Protoplaneten. Durch das Dauerbombardement aus dem All erhitzte sich diese frühe Erde und schmolz glutflüssig zu einem glühenden Feuerball auf. Die Erde wuchs weiter und wurde in ihrem Inneren immer heißer, während leichtere Materialien an die Oberfläche trieben, wo sie direkt mit dem eisigen Weltraum in Berührung kamen. Das flüssige Gestein an der Oberfläche kühlte rasch ab und erstarrte zu einer ersten dünnen Erdkruste, die mit den Jahrmillionen immer dicker wurde, und die Temperaturen an der Oberfläche sanken.

Auch das Erdinnere kühlt stetig weiter aus. Das geschieht jedoch extrem langsam. So beträgt die Temperatur im inneren festen Erdkern aus Eisen und Nickel geschätzte 6000, im äußeren flüssigen Kern immer noch um die 4000 Grad Celsius. Die Kerne werden von einem fast 3000 Kilometer dicken, aus flüssigem Gesteinsbrei bestehenden Erdmantel umhüllt, der isolierend wirkt: Wie ein Deckel auf einem Kaffeebecher hält er das Erdinnere heiß.

Im Rahmen der Entwicklung unseres Planeten nahmen die Urvulkane eine Schlüsselfunktion ein. Sie sorgten beispielsweise durch den Ausstoß von Unmengen an Wasserdampf dafür, dass sich die Uratmosphäre und daraus die Ozeane bilden konnten, in denen das erste Leben entstand.

Ein aktiver Vulkanismus spielte zudem eine wichtige Rolle für die weitere Entwicklung des Lebens: Kohlendioxid in der Atmosphäre sorgt für eine Erwärmung der Erdoberfläche. Ein großer Teil dieses Treibhausgases wird von Vulkanen freigesetzt. Bei der Verwitterung von Vulkangestein wird Kohlenstoff jedoch wieder gebunden und durch die Plattentektonik tief in das Erdinnere zurücktransportiert. Diese beiden Prozesse bewirken also eine Balance im Kohlendioxidhaushalt. Diese führt zu einem langfristig einigermaßen stabilen Klima, was wiederum die Voraussetzung dafür ist, dass sich das Leben auf der Erde über einen sehr langen Zeitraum halten und entwickeln konnte und kann.

Die meisten aktiven Vulkane befinden sich an den Grenzen tektonischer Platten. Dort, wo diese Platten aneinanderstoßen, führen die gewaltigen Kräfte der Kollision zum Aufschmelzen des Gesteins. Dieses Magma kann an den vielen Rissen und Spalten entlang der Grenzzonen einfach aufsteigen und somit Vulkane bilden. Bekannt dürfte dabei dem einen oder der anderen der pazifische Feuerring sein. Weitere Vulkane bilden sich an sogenannten Hotspots. Dort steigen glühend heiße Magmasäulen aus dem Erdmantel auf und fräsen sich wie ein Schneidbrenner durch die Erdkruste.

Egal ob Plattengrenze oder Hotspot: Vulkane erlauben uns den Blick in das brodelnd heiße und aktive Innere unseres Planeten.

NATIONALPARK
BROMO TENGGER SEMERU,
JAVA, INDONESIEN

Steile, kegelförmige Stratovulkane (auch Schichtvulkane genannt) mit ihren Gipfelkratern stellen die bekannteste Vulkanform dar. Sie sind schichtweise aus Lavaströmen und Tephra aufgebaut. Als Tephra bezeichnet man explosiv ausgestoßene, am Boden abgelagerte Lava. Die Tengger-Caldera mit den Stratovulkanen Bromo (links, dampfend) und Semeru (hinten) ist weltberühmt. Die kesselförmige Landschaft ist vor Hunderttausenden von Jahren entstanden.

SEMERU, NATIONALPARK BROMO TENGGER SEMERU, JAVA, INDONESIEN

Vulkane, die innerhalb eines Zeitraums von 10 000 Jahren nicht mehr ausgebrochen sind, gelten als erloschen. Derzeit gibt es ungefähr 1500 potenziell aktive Vulkane an Land. Davon brechen in jedem Jahr fünfzig bis siebzig aus. Der hier zu sehende Semeru ist einer der aktivsten Vulkane der Erde. Die Anzahl der untermeerischen Vulkane ist nicht genau bekannt. Es wird jedoch vermutet, dass sich sechzig Prozent der vulkanischen Aktivität unter dem Meeresspiegel abspielt.

ASO-SAN, KYUSHU, JAPAN

Nur selten ist es möglich, direkt in einen aktiven Vulkankrater zu schauen. Am Aso-san auf der Insel Kyūshū im südlichen Japan hatten wir lange die immer weiter nachlassende Aktivität beobachtet, bevor wir uns vorsichtig an den Kraterrand wagten. Der Vulkan produzierte nur noch ein paar kleinere Aschewölkchen und erlosch am darauffolgenden Tage vollständig.

SAKURAJIMA, KYUSHU, JAPAN

Eines der faszinierendsten Naturschauspiele sind vulkanische Gewitter. Bei »normalen« Gewittern reiben Eiskristalle aneinander, bei vulkanischen sind es Aschekörner. Dadurch kann ein elektrisches Spannungsfeld in der aufsteigenden Aschewolke entstehen. Je nach Korngröße und Aufstiegsgeschwindigkeit des Magmas kann sich diese Spannung in elektrisch zischenden und knisternden Blitzen entladen wie hier am Sakurajima. Ein irres Geräusch.

ASO-SAN, KYUSHU, JAPAN

Der Begriff Vulkanasche hat nichts mit dem verbrannten Ergebnis eines Feuers zu tun. Er stammt aus der Zeit, als die Vulkanologie noch in den Kinderschuhen steckte und man noch nicht wusste, dass es sich bei der Asche um fein gemahlenes Vulkangestein handelt. Während einer Eruption wird die Lava durch Explosionen in kleinste Partikel zerrissen, von Feinstaub- bis Sandkorngroße. Hoch aufsteigende Vulkanasche wie hier am Aso-san kann zu einem Problem für den Flugverkehr werden und sollte auf keinen Fall eingeatmet werden, da sie das Lungengewebe schädigt!

SAKURAJIMA, KYUSHU, JAPAN

Unter der Erdkruste ist es so heiß, dass Gestein schmilzt. Dieses zähflüssige Gestein, das Magma, steigt auf und sammelt sich in Magmakammern genannten Hohlräumen. Dort wird außerdem eine große Menge Gas freigesetzt. Wenn eine solche Kammer voll ist, schießt das explosive Magma-Gas-Gemisch aus dem Vulkanschlot an die Oberfläche. Ein Vulkan bricht aus.

ERTA ALE, DANAKIL-WÜSTE, ÄTHIOPIEN

Seit Jahrtausenden ranken sich Mythen um die Vulkane unserer Erde. Manche Kulturen hielten sie für den Sitz der Götter, deren Zorn sich in feurigen Ausbrüchen äußerte. Die alten Griechen und Römer sahen in den Vulkanen Rauchabzüge der unterirdischen Feuerstelle des Gottes Hephaistos bzw. Vulcanus. Dort wurden angeblich die Waffen und Rüstungen der Götter geschmiedet.
Wer am feurigen Krater des Erta Ale in Äthiopien steht, kann die Ehrfurcht vor diesem Naturschauspiel verstehen.

ERTA ALE, DANAKIL-WÜSTE, ÄTHIOPIEN

Von einem Lavasee spricht man, wenn sich in einem Vulkankrater für einen längeren Zeitraum Lava sammelt. Das kann man sich in der Tat wie einen See vorstellen, nur mit flüssigem Gestein anstatt Wasser. Lavaseen können über Jahrzehnte aktiv bleiben, einen Durchmesser von mehreren hundert Metern und Oberflächentemperaturen von mehr als 1000 Grad erreichen. Der Durchmesser des Sees des Erta Ale beträgt etwa fünfzig Meter. Die weltweite Anzahl an Lavaseen schwankte in den vergangenen Jahren zwischen vier und zehn.

TOLBACHIK, KAMTSCHATKA, RUSSLAND

Die treibenden Kräfte hinter einem Vulkanausbruch sind Gase. Das in größter Menge vorhandene Gas ist Wasserdampf. Es folgen Kohlendioxid, Schwefeldioxid und Schwefelwasserstoff. Letztgenannter bewirkt, dass es an Vulkanen häufig nach faulen Eiern riecht. Zudem hat Schwefelwasserstoff eine ätzende Wirkung und kann sogar tödlich sein.

TOLBACHIK, KAMTSCHATKA, RUSSLAND

Vulkanausbrüche können explosiv oder effusiv sein. Bei effusiven Ausbrüchen tritt eine dünnflüssige Lava, die zudem wenig Gase enthält, relativ ruhig aus dem Förderschlot aus. Es entstehen dabei nur recht kleine Lavafontänen, wie hier zu sehen am Tolbachik-Vulkan auf der sibirischen Halbinsel Kamtschatka. Diese Lavaströme können dafür sehr weit fließen und sogar Ortschaften zerstören. Trotzdem kommen bei effusiven Ausbrüchen äußerst selten Menschen ums Leben.

TOLBACHIK, KAMTSCHATKA, RUSSLAND

Der Tolbachik-Vulkan liegt auf dem sogenannten pazifischen Feuerring. Dieser umrahmt den Pazifik von drei Seiten und zieht sich über 40 000 Kilometer entlang der Westküste Süd-, Mittel- und Nordamerikas zum Aleutengraben, über Kamtschatka, Japan, die Philippinen, Indonesien bis nach Neuseeland. Aufgrund von aufeinanderprallenden Plattengrenzen handelt es sich um eine der aktivsten Vulkanregionen weltweit.

KILAUEA, NATIONALPARK HAWAI'I VOLCANOES, BIG ISLAND, HAWAII, USA

Die Vulkaninseln von Hawaii liegen auf einem sogenannten Hotspot. An einem Hotspot fräst sich das Magma an der immer gleichen Stelle an die Oberfläche. Dadurch, dass die Platten der Erdkruste im Laufe der Jahrmillionen langsam über diese heißen Säulen wandern, entstehen regelrechte Vulkanketten. Die weiterwandernden Vulkane erlöschen, wenn die Verbindung zur Magmasäule abbricht.

KILAUEA, NATIONALPARK HAWAI'I VOLCANOES, BIG ISLAND, HAWAII, USA

Die Fließfähigkeit von Lava hängt von ihrer Viskosität, also Zähflüssigkeit, ab. Je weniger Siliciumdioxid (Kieselsäure) die Lava enthält, desto dünnflüssiger (und heißer) ist sie. Der schnellste Lavafluss wurde bisher auf Hawaii gemessen mit einer Geschwindigkeit von mehr als sechzig Kilometern pro Stunde.

ADRIAN ROHNFELDER

»FEUER UND WASSER KÖNNTEN GEGENSÄTZLICHER NICHT SEIN. UND TROTZDEM SIND SIE SEIT JEHER MITEINANDER VERBUNDEN. WASSER, EIN GRUNDELEMENT DES LEBENS, WURDE VOR MILLIARDEN VON JAHREN VON DEN FEURIGEN VULKANEN AUS DER TIEFE UNSERES PLANETEN AN DIE OBERFLÄCHE TRANSPORTIERT. KEIN FEUER, KEIN WASSER.«

NATIONALPARK HAWAI'I VOLCANOES, BIG ISLAND, HAWAII, USA

KILAUEA, NATIONAL-
PARK HAWAI'I VOLCANOES,
BIG ISLAND, HAWAII, USA

Von einem »Ocean Entry« spricht man, wenn flüssige Lava direkt ins Meer fließt. Das führt zu einem unglaublichen zischenden Duell zwischen Feuer und Wasser. Die größte Gefahr hierbei entsteht durch sogenannte phreatische Explosionen: Wasser überhitzt infolge einer plötzlichen Druckentlastung und wird in Bruchteilen einer Sekunde zu Dampf. Dieser hat das 1000- bis 3000-fache Volumen des flüssigen Wassers und damit eine gewaltige Sprengkraft. (Siehe auch S. 94 bis 96.)

FAGRADALSFJALL, ISLAND

Die Stärke von Vulkanausbrüchen wird anhand des »Volcanic Explosivity Index«, abgekürzt VEI, eingeordnet. Dieser beschreibt die explosive Stärke sowie das Volumen des ausgestoßenen Materials auf einer Skala von null bis acht. Jede nächsthöhere Stufe entspricht dabei einer Erhöhung der Ausbruchsstärke um den Faktor zehn.

FAGRADALSFJALL, ISLAND

Auf der kleinen nordeuropäischen Insel Island – sie ist ungefähr so groß wie die neuen deutschen Bundesländer zusammen – gibt es ungefähr 130 Vulkane und Eruptionsspalten. Etwa dreißig davon gelten als aktiv, im Schnitt bricht auf Island alle fünf Jahre ein Vulkan aus.

FAGRADALSFJALL, ISLAND

Bei dem Ausbruch des Fagradalsfjall-Vulkans auf Island im Frühjahr 2021 hörte es sich zeitweise so an, als würden Tausende Gläser gleichzeitig zerspringen. Ein surreales Geräusch.

FAGRADALSFJALL, ISLAND

Das geschmolzene Gestein eines Vulkanes nennt man Magma, solange es noch unter der Erdoberfläche eingeschlossen ist. Ab dem Augenblick, an dem es an die Oberfläche tritt, wird es Lava genannt. Die Farbpalette von Lava reicht von Weiß (bei 1200 Grad Celsius) über Gelb, Hellrot, Dunkelrot, Blau bis zu Schwarz (unter 540 Grad) beziehungsweise Braun oder Grauschwarz nach Abkühlung.

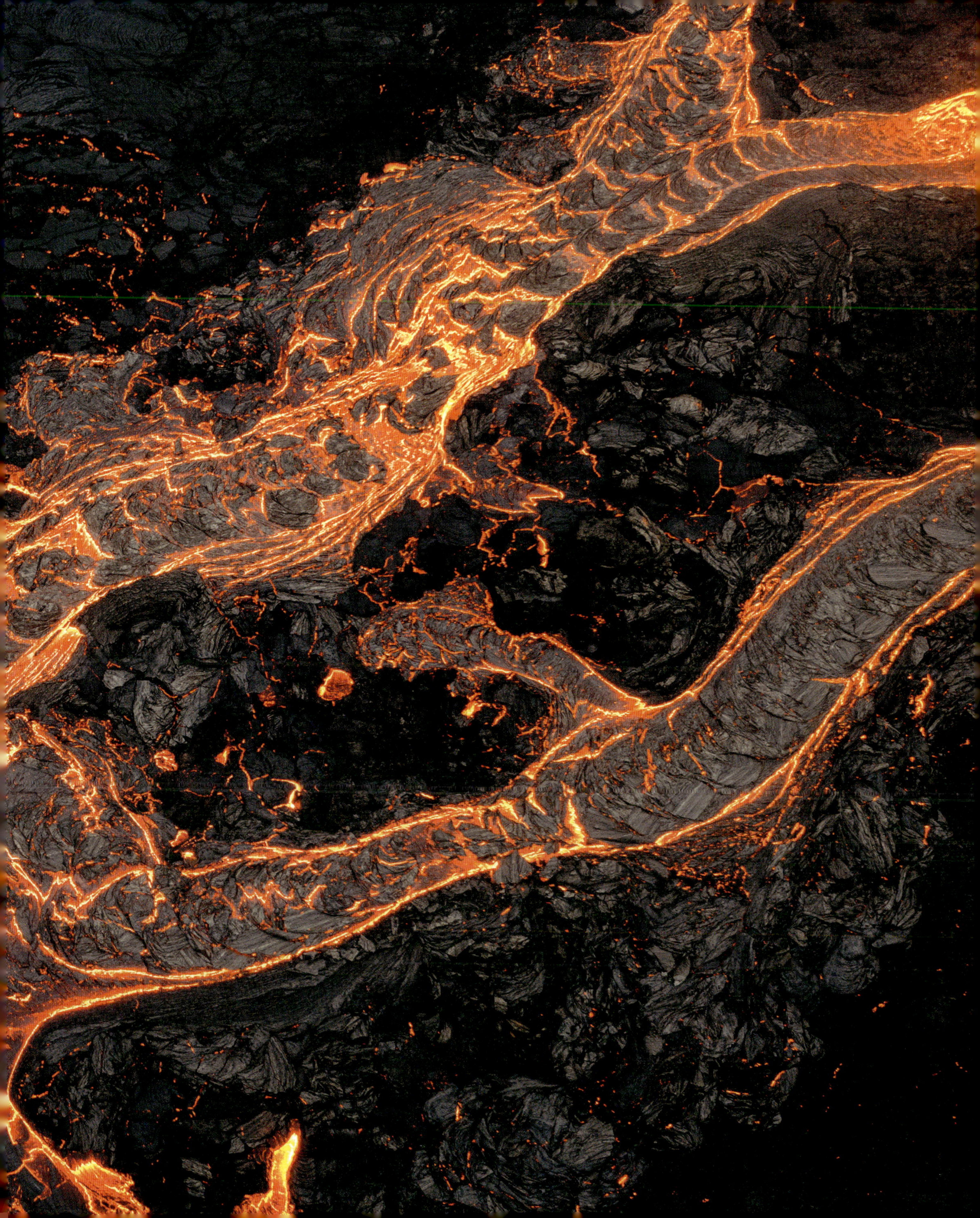

STROMBOLI, INSEL STROMBOLI, ITALIEN

Im Gegensatz zu den effusiven Vulkanausbrüchen (siehe S. 86) haben explosive Eruptionen ein großes zerstörerisches Potenzial. Wenn die Lava beziehungsweise bereits das Magma sehr zähflüssig ist, können die in ihm enthaltenen Gase nur schwer entweichen, sodass sich ein hoher Gasdruck aufbaut. Entlädt sich dieser Druck, so führt das zu einer enormen Explosion. Im dramatischsten Fall kann der komplette Vulkankegel weggesprengt werden.

STROMBOLI, INSEL STROMBOLI, ITALIEN

Die strombolianische Eruption ist benannt nach dem daueraktiven Vulkan Stromboli vor der Nordküste Siziliens. Sie kennzeichnet eine regelmäßige – manchmal liegen nur Minuten zwischen den einzelnen Ausbrüchen –, jedoch meist milde explosive Aktivität mit einer Stärke von eins bis zwei auf dem »Volcanic Explosivity Index« (siehe S. 100). Selten werden die Lavabrocken höher als 150 Meter ausgeworfen. Trotzdem sind bei diesem Vulkantyp deutlich stärkere Ausbrüche nicht ausgeschlossen. 2019 hat ein solcher dazu geführt, dass der Gipfelbereich des Stromboli seitdem für Touristen nicht mehr zugänglich ist.

Black Diamond

Ich befinde mich inmitten der Danakil-Wüste im Osten Äthiopiens, einer der lebensfeindlichsten Regionen der Erde. Am Vulkan Erta Ale ergießt sich die bis zu 1200 Grad Celsius heiße Lava tief aus dem Inneren unseres Planeten in einen feurig pulsierenden See (siehe S. 82/83).

Gerne würde ich einen weiteren Schritt auf das kochende Spektakel zugehen für eine noch bessere Perspektive. Das wäre jedoch glatter Selbstmord. Direkt vor meinen Füßen sind tiefe Risse in der schwarzen, erkalteten Lava zu erkennen. Der Kraterrand ist gefährlich brüchig und zudem noch unterhöhlt. Umso ungläubiger staune ich daher über eine junge US-amerikanische Touristin, die leicht bekleidet direkt über den deutlich sichtbaren Spalten für ein paar Selfies immer wieder in die Höhe springt. »Total bekloppt, das ist absolut lebensgefährlich«, wundert sich einer meiner Begleiter, und er hat absolut recht, denn an einem Vulkan gilt einzig und allein die Regel »safety first«.

Womit ich an dieser Stelle gerne die mir am häufigsten gestellte Frage – die nach der Gefahr – beantworte: Mit entsprechender Planung und Ausrüstung ist das Besteigen und Fotografieren aktiver Vulkane statistisch deutlich weniger gefährlich als die Teilnahme am Straßenverkehr. Planung bedeutet dabei, dass eine gründliche Vorbereitung auf die zu erwartenden Gegebenheiten vor Ort bis hin zu der Ausarbeitung einer möglichen Fluchtroute für mich eine absolute Selbstverständlichkeit sind. Außerdem bin ich fast immer in der Begleitung eines erfahrenen Vulkanologen unterwegs. Wichtige Ausrüstungsgegenstände am Vulkan sind eine Atemschutzmaske gegen teilweise in kürzester Zeit tödlich wirkende Gase, ein Helm gegen eventuell umherfliegende feurige Lavabrocken sowie Pullover, lange Hose und Handschuhe als Schutz bei Stürzen auf die an manchem Vulkan rasiermesserscharfe erstarrte Lava.

Die wichtigsten Schlüssel für die Minimierung des Risikos sind jedoch Respekt und Demut im Umgang mit der Natur. Trotz vieler begnadeter Wissenschaftler und technischer Fortschritte werden wir Naturereignisse niemals auf den Punkt genau vorhersagen können. Daher sollten und dürfen wir nie versuchen, uns die Natur untertan zu machen.

Unter Respekt und Demut verstehe ich aber auch das Vermeiden von Übermut und Selbstüberschätzung. Die meisten Unfälle passieren, wenn Menschen denken, alles im Griff zu haben, weil sie etwas schon mehrere Hundert Male getan haben. Oder auch dann, wenn sie über ihre Grenzen gehen, um noch mehr Likes auf Social-Media zu erhalten. Für mich ist kein einziges Motiv es wert, dass ich dafür mein Leben riskiere.

Unter Berücksichtigung all dieser Punkte ist es auch hier am brodelnden Erta Ale deutlich weniger gefährlich, als es die entstandenen »heißen« Bilder befürchten lassen.

IRDISCHE UNENDLICHKEIT

Wüste! Die meisten denken bei diesem Begriff an endlose Dünen aus goldgelbem Sand – und an die Sahara. Das ist natürlich nicht falsch, denn die Sahara in Nordafrika ist die drittgrößte und bekannteste Wüste der Welt und genau solch eine Landschaft aus Sand und Dünen – allerdings nur zu knapp zwanzig Prozent. Die restliche Sahara besteht aus Stein, Kies und Geröll. Die beiden größten Wüsten der Erde, die (Festland-)Arktis wie die Antarktis, bestehen gar aus einem gänzlich anderen Material, nämlich aus Eis.

Sand, Steine, Eis: Was macht denn nun also eine Wüste aus? In der Geografie werden Wüsten als »aride, vegetationsarme sowie vegetationslose Gebiete« beschrieben. Aridität bedeutet, dass die jährliche Niederschlagsmenge geringer ist als die jährliche Verdunstung. Grundsätzlich unterscheidet man zwei Typen von Wüsten: die Trocken- und Hitzewüsten sowie die Kälte- und Eiswüsten. Trockenwüsten entstehen durch Niederschlagsmangel und bedecken ungefähr zwanzig Prozent der Erde. Bei den Kältewüsten resultiert die fehlende Vegetation aus mangelnder Wärme sowie zu kurzen sommerlichen Vegetationsperioden, häufig in Verbindung mit Niederschlagsarmut.

Wüsten lassen sich zudem abhängig von ihrer Lage auf der Erdkugel unterteilen in: die Wendekreis-, Binnen-, Regenschatten- und Küstenwüsten. Entlang dem nördlichen und südlichen Wendekreis bei jeweils 23,5 Grad geografischer Breite reihen sich die Wendekreiswüsten wie auf einer Perlenkette auf (hierzu gehört die Sahara). Binnenwüsten liegen im kontinentalen Inland, was für die Trockenheit sorgt (zum Beispiel die Karakum-Wüste in Turkmenistan). Regenschattenwüsten wiederum sind durch hohe Gebirgsketten von Wolken und somit Niederschlägen abgeschirmt (etwa das Death Valley in den USA). Küstenwüsten liegen direkt am Meer und zeichnen sich dennoch durch eine hohe Trockenheit aus. Es gibt dort so gut wie keine Niederschläge. Ursache dafür sind kalte Meeresströmungen, die die Luftschichten über dem Wasser kühlen. Zusätzlich verhindern die darüber wehenden warmen Passatwinde die Wolkenbildung (Beispiele sind die Atacama-Wüste in Chile und die Namib-Wüste in Namibia).

Um das Ganze noch komplizierter zu machen, werden Wüsten auch geomorphologisch nach ihrer Oberflächenstruktur bzw. Bodenbeschaffenheit klassifiziert in: Sand-, Kies-, Stein-, Salz- und Eiswüsten. Ein spannendes Feld!

So vegetationsarm Wüsten auch sind, so essenziell sind sie doch für die Bildung und das Überleben von Vegetation. Sandstürme über der Sahara etwa transportieren regelmäßig wichtige Nährstoffe wie Eisen und Phosphor in die Atmosphäre und wirken so als Düngerlieferanten in weit entfernten Regionen. Diese lebensfeindliche Wüste sorgt zum Beispiel dafür, dass der Amazonasregenwald so üppig wachsen und seiner Rolle als »Lunge unseres Planeten« gerecht werden kann.

NATIONALPARK DEATH VALLEY, KALIFORNIEN, USA

Eine Besonderheit innerhalb der Mojave-Wüste stellt die Senke Badwater dar. Sie liegt im Herzen des Tal des Todes und ist zugleich mit 85,5 Metern unter dem Meeresspiegel der tiefste Punkt Nordamerikas. Einst gab es hier einen großen See, der über die Jahrtausende austrocknete. Während der Verdunstung fielen vor allem Salzkristalle aus, die in sechseckigen Strukturen den heutigen Talboden bedecken. Der Name Badwater bedeutet auf Deutsch »schlechtes Wasser« – das Wasser in der Region ist aufgrund seines hohen Salzgehaltes ungenießbar.

VALLEY OF FIRE, NEVADA, USA

Wüsten bieten faszinierende und spektakuläre Fels- und Gesteinsformationen. Diese entstehen hauptsächlich durch Erosion. Eine entscheidende Rolle spielt dabei der Wind. Durch mitgeführten Sand und Staub schleift und formt er das Gestein über Jahrtausende. Auch Wasser trägt zur Erosion bei, obwohl es davon nur wenig in der Wüste gibt.

NATIONALPARK DEATH VALLEY, KALIFORNIEN, USA

In vielen Wüsten der Erde herrscht tagsüber eine extreme Hitze. Nicht selten werden Werte von deutlich über vierzig Grad gemessen. Allerdings kann es nachts empfindlich kalt werden. Je nach Region liegen die Tiefstwerte bis zu dreißig Grad niedriger als am Tag. Im Winter sind sogar strenge Fröste von unter minus zehn Grad nicht ungewöhnlich. Die höchste auf der Erde gemessene Temperatur wurde mit 56,7 Grad hier im Death Valley erfasst.

UNION-GLETSCHER, ELLSWORTHGEBIRGE, ANTARKTIS

Die Antarktis ist der kälteste Kontinent der Erde. Im Landesinneren liegen die Temperaturen im Winter bei minus sechzig bis minus siebzig Grad. Die bisher tiefste Temperatur an Land wurde 1983 an der heute russischen Forschungsstation Wostok gemessen, unglaubliche minus 89,2 Grad. Noch extremer sind die minus 98,6 Grad, welche von einem Satelliten aus auf einem Hochplateau in der östlichen Antarktis auf circa 3800 Meter errechnet wurden.

UNION-GLETSCHER, ELLSWORTHGEBIRGE, ANTARKTIS

In der Antarktis fällt Niederschlag fast ausschließlich als Schnee. Im Landesinneren entsteht er durch die Abkühlung absinkender Höhenluft. In der trockenen Eiswüste der Zentralantarktis liegt die Niederschlagsmenge unter fünfzig Millimetern pro Jahr. Auch der trockenste Ort der Erde liegt in der Antarktis: Im McMurdo-Trockental hat es vermutlich seit Millionen von Jahren nicht mehr geschneit oder geregnet.

NATIONALPARK DEATH VALLEY, KALIFORNIEN, USA

Sanddünen – *das* Synonym für Wüste schlechthin. Dabei nehmen Sandwüsten im Gegensatz zu Stein- und Felswüsten nur einen Bruchteil der Wüstenflächen der Erde ein. Auch die Mesquite Dunes sind nur ein winziger Teil der Mojave-Wüste. Ausgewachsene Sandstürme gibt es hier besonders im Winter.

DENNIS OSWALD

»WER EINE WÜSTE ER-LEBT HAT, WIRD NICHT NUR VON IHRER VIELSEI-TIGKEIT BEEINDRUCKT SEIN. DIE FAST OHRENBE-TÄUBENDE STILLE RAUBT MIR IMMER WIEDER AUFS NEUE DEN ATEM.«

ALABAMA HILLS, KALIFORNIEN, USA

NATIONALPARK NAMIB-NAUKLUFT, NAMIBIA

Unsere Erde besteht aus verschiedenen Gesteinen. Diese sind seit Millionen von Jahren der Sonne, dem Regen und dem Wind ausgesetzt. Das Zusammenspiel von Hitze, Kälte, Wind und Wetter, Verwitterung genannt, führt dazu, dass das Gestein in immer kleinere Brocken zersetzt wird. Aus Steinen wird Kies und aus Kies werden Körner. Durch Wind und Wasser werden diese weitertransportiert und stoßen dabei aneinander. Die Körner werden kleiner und runder, bis sie schließlich mit einer Größe von weniger als zwei Millimetern zu Sandkörnern geworden sind.

NATIONALPARK DEATH VALLEY, KALIFORNIEN, USA

Wüsten bieten oftmals eine reiche Flora und Fauna. Pflanzen und Tiere haben sich der lebensfeindlichen Umgebung mit wenig Wasser und unfruchtbarem Boden angepasst. Im Death Valley finden sich zum Bespiel rund 400 verschiedene Tierarten wie Kojoten, Schlangen und Eidechsen. Auch mehr als tausend Pflanzenarten trotzen den widrigen Umständen.

NATIONALPARK DEATH VALLEY, KALIFORNIEN, USA

Verantwortlich für den fehlenden Regen und damit für die Bildung von Wüsten sind häufig gewaltige Gebirge wie hier im Death Valley. Insgesamt fünf Bergketten mit teilweise über 4000 Metern Höhe halten fast alle Regenwolken aus der Region fern und machen das Tal des Todes zu einer der trockensten Gegenden der Erde.

ADRIAN ROHNFELDER

»ICH HABE AUF ALLEN SIEBEN KONTINENTEN EINZIGARTIGE NATURSCHAUSPIELE BESTAUNEN DÜRFEN. WÜRDE MAN MICH MIT VORGEHALTENER WAFFE ZWINGEN, EINEN LIEBLINGSORT AUSZUWÄHLEN, SO WÄRE ES DER BRENNENDE GASKRATER VON DERWEZE, DAS SOGENANNTE TOR ZUR HÖLLE IN TURKMENISTAN.«

KRATER VON DERWEZE, KARAKUM-WÜSTE, TURKMENISTAN

KARAKUM-WÜSTE, TURKMENISTAN

Jeder kennt die wellenartigen Muster im Sand. Wenige wissen jedoch, dass es dafür auch einen wissenschaftlichen Fachbegriff gibt: Rippelmarken. Wind weht über eine Fläche aus Sand und transportiert dabei viele einzelne Sandkörner. Es gibt leichte, schwere, langsame und schnellere Körner. Die langsamen bremsen die schnellen Sandkörner aus, was zur Bildung kleiner Sandanhäufungen führt. Im Kleinen entstehen so die Rippelmarken, im Großen die Dünen.

NATIONALPARK NAMIB-
NAUKLUFT, NAMIBIA

Unter »Sandfarben« verstehen wir ein blasses Gelb, die Farbe von Quarzsand, der in vielen Wüsten vorkommt. Sand kann aber auch eine andere Farbe haben. Schwarzer Sand besteht aus vulkanischem Basaltgestein, schneeweißer Sand aus Gips, grüner Sand aus Olivin und der rote Sand der Namib-Wüste aus oxidiertem, also verrostetem Eisen.

NATIONALPARK NAMIB-NAUKLUFT, NAMIBIA

Das Leben in der Wüste ist ein einziger Überlebenskampf. Dafür braucht es häufig den Schutz einer Gemeinschaft und strenge Regeln. Es ist daher kein Zufall, dass einige der großen Religionen in Wüstenregionen entstanden sind.

NATIONALPARK NAMIB-NAUKLUFT, NAMIBIA

Viele Tiere, die in Wüstengegenden beheimatet sind, sind grau oder sandfarben, denn eine gute Tarnung sichert das Überleben in Gegenden mit wenig Deckung und Schutz. Dazu sind die meisten Tiere, wie auch die Oryx-Antilopen in der Namib-Wüste, erst in der kühleren Dämmerung oder in der Nacht aktiv. Sie müssen häufig weite Strecken zurücklegen, um ausreichend Nahrung zu finden.

NATIONALPARK GREAT SAND DUNES, COLORADO, USA

Dünen sind Erhebungen aus Sand, der vom Wind angeweht wird und sich ablagert. Dadurch türmen sich im Lauf der Zeit die charakteristischen Sandhügel auf. Diese in den Rocky Mountains liegenden Dünen erreichen eine Höhe von 230 Metern und sind damit die höchsten Nordamerikas.

NATIONALPARK DEATH VALLEY, KALIFORNIEN, USA

Diese bizarren Erosionslandschaften zeigen die Sedimente eines vor mehreren Millionen Jahren ausgetrockneten Sees. Seitdem formen Wind und hin und wieder auch Wasser die Gesteinsformationen zu einer einzigartigen und spektakulären Szenerie.

NATIONALPARK CANYONLANDS, UTAH, USA

Flüsse sind wahre Künstler, wenn es um die Gestaltung von Landschaften geht. Das gilt ganz besonders in Wüsten. Sie schneiden über Jahrmillionen tiefe Schluchten in das Gestein und kreieren außerirdisch anmutende Welten, wie hier auf dem Colorado-Plateau in den USA. Darüber hinaus sind sie in Wüsten meist die einzige Wasserquelle und schaffen lebendige Oasen.

Die Fotografie in der Wüste ist in vielerlei Hinsicht eine Herausforderung, und zwar unabhängig davon, in welcher Art von Wüste wir unterwegs sind. Egal ob Sand, Steine, Eis, peitschende Staubstürme, brütende Hitze, extreme Kälte oder Trockenheit: Ohne vernünftige Schutzmaßnahmen gehen in kürzester Zeit jede Kamera, jedes Fahrzeug und jeder andere Ausrüstungsgegenstand kaputt.

Noch viel wichtiger ist natürlich unser eigener Schutz. Auch beim Fotografieren in der Wüste hat die Sicherheit immer oberste Priorität vor jedem noch so preisverdächtigen Foto. Das bedeutet für uns, dass wir zum Beispiel lieber eine zusätzliche Flasche Wasser anstatt etwa eines dritten Objektivs einpacken. Selbst wenn wir durch eine falsche Ausrüstung nicht unbedingt gleich in Lebensgefahr geraten, so haben wir doch nur dann die Muße, Ruhe und Energie für die Fotografie, wenn wir uns selbst fit, wohl und sicher fühlen.

Damit der Betrachter an unseren Erlebnissen teilhaben kann, halten wir die speziellen Arbeitsbedingungen fotografisch gerne in Making-of-Bildern fest: wir eingemummelt im Polaranzug, unsere Zelte im Schnee- oder Sandsturm, eine komplett eingestaubte Kamera, die dritte Reifenpanne im Sand und viele weitere eindrückliche Szenen.

Schwierig ist es jedoch, die einzigartige Schönheit und Ästhetik, die grenzenlose Weite, die unbeschreibliche Stille, die befreiende wie auch bedrohliche Leere, die Reduktion auf das Wesentliche und Elementare sowie das unglaubliche Gefühl von Freiheit in diesen besonderen Regionen auf einem Bild zu bannen. Denn selbst das weiteste Weitwinkel erfasst immer nur einen Bruchteil der Landschaft. Sogar mit einem entsprechenden 360-Grad-Panoramabild werden wir die gefühlte Unendlichkeit einer Wüste nicht abbilden können. Zwei Dimensionen bleiben eben zwei und verwandeln sich nicht in drei.

Mit einem geschickten Bildaufbau und der Einbeziehung von Ebenen – zum Beispiel durch die Platzierung von Gegenständen im Vordergrund wie etwa einer Pflanze – können wir jedoch zumindest eine gewisse Tiefe und damit Dreidimensionalität in einem Foto simulieren.

Nun fehlt nur noch eine Zutat, und zwar das Darstellen der tatsächlichen Größenverhältnisse zur Betonung der häufig unvorstellbaren Dimensionen. Dafür platzieren wir ein dem menschlichen Verstand in seiner Größe bekanntes Objekt wie eine mitreisende Person, ein aufgebautes Zelt, einen vollgepackten Rucksack oder auch unseren verdreckten Geländewagen auf dem Foto oder versuchen, ein heimisches Tier vor die Linse zu bekommen. In Kombination mit einem goldenen Sonnenuntergang, rot leuchtenden Abendwolken, dem weichen ersten Licht des Tages, dem surreal blau schimmernden Mondlicht lassen sich so die Schönheit, Ästhetik, Schlichtheit und die extremen Bedingungen einer endlosen Wüste mit unseren Bildern zeigen.

WARTEN. LANGES WARTEN. SEHR LANGES WARTEN. Stundenlanges Warten auf das passende Licht. Nächtelanges, frierendes Warten auf ein vulkanisches Feuerwerk. Wochenlanges Warten auf »schlechtes« Wetter. Wenn wir die Belichtungszeiten aller in diesem Bildband gezeigten Fotos summieren, kommen wir wahrscheinlich auf nicht einmal eine Stunde. Rechnen wir jedoch die Wartezeiten für all diese Bilder zusammen, so ergeben sich daraus leicht einige Monate.

Und dieser Wert ist noch nicht einmal die ganze Wahrheit. Vor dem Warten liegen häufig weite und anstrengende Anreisen. Langstreckenflüge. Mietwagenfahrten in Ländern, in denen Verkehrsregeln mehr als Leitfaden denn Vorschrift gesehen werden. Kräftezehrendes Trekking fern jeder Zivilisation.

Doch auch damit ist es noch lange nicht getan. Zu diesen Strapazen gesellen sich den Magen strapazierende schaukelnde Geländewagenfahrten in unwegsamem Terrain, rudimentäre Zeltlager, eine auf Nudeln und Kekse reduzierte Verpflegung, herumflatternde Insekten jeder Art sowie einfachste Motels, in denen uns der kaum noch erkennbare Teppich seine bewegte Geschichte zum Glück nicht erzählen kann. Dazu eisige Nächte, heiße Orte ohne jegliche Schattenplätze und unzählige schwüle Tage ohne erfrischende Dusche.

Für den einen oder die andere klingt das sicherlich nicht sehr bequem und verlockend. Doch für uns macht genau das den Reiz unserer Touren aus – das intensive Erleben einer Reise, das Spüren der Natur in ihrer extremen Form, das Einswerden mit den Elementen, statt gegen sie zu arbeiten, und die Reduktion auf das Wesentliche.

Klar, auch wir fragen uns hier und da, was der »ganze Quatsch« eigentlich soll und wofür wir uns das immer wieder antun. Doch am Ende sind jedes einzelne Bild sowie die einzigartigen Erlebnisse im Gepäck all die Mühen und Entbehrungen wert. Und selbst wenn wir mal kein phänomenales Motiv vor die Linse bekommen, so genießen wir es doch, draußen in der Natur zu sein und uns völlig frei zu fühlen. Natürlich sind wir für die Fotografie unterwegs, aber am Ende wollen wir einfach nur eine gute Zeit verbringen, reisen, erleben und vor allem Spaß haben. Aus diesem Grund lassen wir uns die Laune auch nicht von stundenlangen Autofahrten, staubigen Wanderungen, Autopannen in brütender Hitze, kaputtem Equipment, völlig eingesandeten Zelten, quälender Müdigkeit und knurrenden Mägen vermiesen. Wir machen aus jeder Situation das Beste und sehen selbst in den schwierigsten Momenten außergewöhnliche Erfahrungen.

Es sind aber nicht nur die Naturerlebnisse, die unsere Leidenschaft jedes Mal auf Neue entfachen, sondern auch die Begegnungen mit anderen Kulturen und spannenden Menschen, das abendliche Bier am Lagerfeuer, das Philosophieren über Gott und die Welt, die weltbesten Burger bei BJ's, das Quatschen von reinem Blödsinn und selbstverständlich auch das gemeinsame Planen des nächsten Abenteuers.

Apropos gemeinsames Planen: An dieser Stelle möchten wir uns bei unseren Familien bedanken. Für unseren Beruf sind wir regelmäßig wochenlang auf Tour. Wir setzen uns dabei den Elementen aus, sind in politisch instabilen Regionen unterwegs und das zeitweise völlig ohne Empfang und Kommunikationsmöglichkeiten. Trotzdem lassen uns unsere Familien immer wieder losziehen und halten uns den Rücken frei. Dieser Bildband ist daher ihnen gewidmet, ohne sie gäbe es ihn wahrscheinlich gar nicht oder nicht in dieser Form.

Dennis dankt seiner Frau Vera sowie seinen Eltern, die in ihm schon früh durch unzählige Bücher die in diesem Bildband gezeigte Faszination für Naturgewalten ausgelöst haben. Adrian dankt seinen drei Kindern Luzi, Tim und Olivia und seiner Frau Brigitte, die ihn überhaupt erst ermutigt hat, seine Leidenschaft für die Fotografie und das Reisen zu seinem Beruf zu machen.

Natürlich bedanken wir uns aber auch bei Ihnen, unseren Leserinnen und Lesern. Wir hoffen, dass wir Sie mit unserer Faszination und Leidenschaft für die Natur in ihrer extremen Form angesteckt haben. Und dass wir hier und da auch ein wenig mit dem Vorurteil aufräumen konnten, dass Vulkane und Gewitter etwas Böses und höllisch Gefährliches sind. Ganz im Gegenteil, sie sind verantwortlich dafür, dass sich auf unserer Erde überhaupt Leben bilden und so lange entwickeln konnte. Und das in einer einzigartigen – fast himmlischen – Schönheit.

TEXAS
LSY 2348

ADRIAN ROHNFELDER

Adrian Rohnfelder tauschte vor Jahren einen gut dotierten Beraterjob und Anzug gegen Abenteuer, Kamera und Leidenschaft ein. Seitdem bereist der Fotograf die extremsten Orte unserer Erde auf der Suche nach heißen Naturgewalten. Darüber publiziert er in Artikeln und Büchern, hält Vorträge auf großen Bühnen und gewann bereits mehrere internationale Preise.

DENNIS OSWALD

Dennis Oswald ist studierter Geograf und Meteorologe sowie passionierter Fotograf. Seit 25 Jahren nutzt er jede freie Minute für die Jagd nach fotogenen Gewittern, bevorzugt im Mittleren Westen der USA. Oswalds zweite Leidenschaft gilt der unendlichen Weite amerikanischer Wüsten. Seine preisgekrönten Bilder veröffentlicht er in Kalendern, Artikeln und Büchern.

Bildnachweis:
Dennis Oswald: Seiten 10 bis 24, 26 bis 40, 42 bis 65, 114 bis 121, 126 bis 128, 130 bis 133, 140/141, 150 bis 155
Adrian Rohnfelder: Seiten 1 bis 4, 6, 66 bis 96, 98 bis 113, 122 bis 125, 134 bis 138, 142 bis 149
Marco Rank: Seiten 156 (Mitte links), 158/159
Olaf Schieche: Seite 156 (oben rechts)
Julie Toulouse: Seite 156 (unten rechts)

Deutsche Originalausgabe

Ein Unternehmen der Média-Participations

Projektleitung: Ellen Venzmer
Layout, Gestaltung und Umschlaggestaltung: Benjamin Wolbergs, Berlin
Umschlagfotos: Dennis Oswald (Cover, Buchrückseite unten),
Adrian Rohnfelder (Buchrückseite oben)
Herstellung: Arnold & Domnick, Leipzig
Druck: PNB Print Ltd.

Printed in Latvia

ISBN 978-3-95728-714-4

www.knesebeck-verlag.de

FSC www.fsc.org
MIX
Papier | Fördert gute Waldnutzung
FSC® C084698